# 啊哈！这么有趣的植物

张 凡 李俊皞 张莉俊 程中平 编著

科学出版社

北 京

# 内 容 简 介

什么植物怕痒痒？哪种植物的果实长在地下？植物也能预测气温？为什么有的花只在夜晚绽放？哪些植物“性情”古怪，甚至有毒？这些问题都藏在本书中，只要大家认真阅读就能发现自然界中有这么多有趣的植物。原来，植物也是“有智慧的”。

**图书在版编目 (CIP) 数据**

啊哈！这么有趣的植物 / 张凡等编著. —北京：科学出版社，2021.4

ISBN 978-7-03-067384-8

I. ①啊… II. ①张… III. ①植物—普及读物 IV. ① Q94-49

中国版本图书馆 CIP 数据核字 (2020) 第 268634 号

责任编辑：张　婷　王亚萍 / 责任校对：杨　然
责任印制：师艳茹 / 整体设计：百年制作

编辑部电话：010-64003096
E-mail: zhangting@mail.sciencep.com

**科 学 出 版 社** 出版
北京东黄城根北街 16 号
邮政编码：100717
http://www.sciencep.com

**北京九天鸿程印刷有限责任公司** 印刷
科学出版社发行　各地新华书店经销
\*
2021 年 4 月第 一 版　开本：720×1000　1/16
2021 年 4 月第一次印刷　印张：5 1/2
字数：80 000

定价：**38.00 元**

# 目 录

木本植物

## 草本植物

## 选择题

木本植物

# 独木也成林
# 榕树

这里的果实真甜美!

是呀!是呀!

俗话说,"独木不成林",神奇的大自然却为我们创造出"独木成林"的奇特景观——榕树就是自然界中具有这种本领的典型植物。

榕树原产于热带地区,在生长过程中,会在伸展的枝条上生出气生根。刚长出的气生根彷佛胡须一般,从枝条上向下垂落。气生根的尖端伸到土中,地下部分迅速长成根系,地上部分长成树干,形似支柱。气生根可以吸收水分和养料,同时还支撑着不断向外扩展的树枝,使原来的树冠不断扩大。这些不断形成的气生根就像新长出来的无数只脚,不断地开疆拓土,就形成遮天蔽日、独木成林的奇观。

在真正的热带雨林中,大榕树的树冠可以达到几千至上万平方米,犹如一片茂

啊哈!这么有趣的植物

终于可以在凉快的地方休息一下了！

榕树能帮我们遮阳，真好！

密的"森林"，甚至可以容纳一支几千人的军队在树下躲避骄阳，让人不禁感慨大自然是如此神奇！

　　榕树不仅可以为人们遮阳，而且还是鸟类的家园呢！它的寿命长，生长快，一棵巨大的榕树气生根可多达千条以上，密生的枝条，为鸟类提供了隐蔽的栖息地。同时，榕树的果实小而味甜，也深受鸟类喜爱。有意思的是，鸟儿吃了果子，种子因不易消化而排出体外，可以帮助榕树散播种子。

## 植物小档案

榕树是桑科、榕属的乔木，原产于热带地区，喜欢高温多雨、空气湿度大的环境。榕树以树形奇特、枝叶繁茂、树冠巨大而著称。同时，它四季常青、姿态优美，具有很高的观赏价值。

连我都爬不上去吗?

# "怕痒"的树 紫薇

人怕痒，是很正常的现象。有趣的是，有一种叫紫薇的植物竟然也"怕痒"呢！

其他树木的枝干都裹着树皮，可是紫薇十分"调皮"，它不爱"穿外衣"。"年轻"的紫薇树干年年生表皮，又年年自行脱落，使树干显得新鲜而光滑；"成熟"的紫薇树干的表皮都已脱去，看上去光溜溜的，据说光滑到连猴子也爬不上去呢，所以紫薇还被叫作"猴刺脱"。

如果用手轻轻抚摸一下紫薇光滑的树干，它顶端的枝梢马上会轻轻摇动起来。枝摇叶动，浑身颤抖，就像人们被搔了腋下一般，看来紫薇很"怕痒"呢，因此它被叫作"痒痒树"。

那么紫薇为什么会"怕痒"，为什么轻轻一挠就浑身颤抖呢？

有人认为，紫薇的树干含有一种特殊物质，这种物质的作用类似人类的传感神经，可以感知外界刺激并产生反应，当反应迅速传递到树梢就会引起枝条的摇动；有人认为，紫薇的树冠较大，但是树干细而长，"头重脚轻"使得重心不稳，因而就容易摇晃，所以稍一触动就会浑身颤抖；有人认为，紫薇的树干木质比较特殊，它拥有较强的传导性能，当我们用手指挠它的枝干时，摩擦引起的震动很容易被传递到其他部位，从而引起枝梢的摆动；也有人认为，这是由于植物本身生物电的作用；还有人认为，这是因为紫薇树干光滑，枝条十分柔软，所以稍一接触就会使其全身摇晃。

亲爱的读者，你觉得答案是什么呢？

## 植物小档案

紫薇，原产于亚洲，在我国华北、华东、华中、华南及西南地区均有分布。别以为紫薇的树干光溜溜的，开的花就很一般，其实紫薇的花很漂亮，每朵花六瓣，好似一个轮盘，开花的时候，满树艳丽如霞，十分漂亮，所以紫薇又叫作"满堂红"。

# 沙漠中的 "绿巨人"

## 巨人柱

有一种植物生长在美国南部和墨西哥沙漠里，是世界上已知最大的仙人掌，它的名字叫巨人柱。

巨人柱，瞧瞧这名字，就很有气势，想必这种植物高大的仿佛巨人一般。没错儿！巨人柱的主干一般达 12 ～ 15 米高，相当于四五层楼房的高度。最高的巨人柱甚至可以长到 21 米，足足达到 7 层楼的高度，难怪它还有一个名字叫作"冲天柱"。除了拥有高大的主干，巨人柱长到一定的"年龄"，会在主干的中上部生出几个分枝来。整体看去，就像一个高大的绿色巨人正威武地挥动着臂膀，不得不说这沙漠中的"绿巨人"真是霸气十足！

巨人柱生长的地方干旱少雨，在这么艰苦的环境中，拥有巨大身体的它该怎么生存下去呢？原来，当宝贵的雨水来临时，巨人柱会一次"喝"个够，一株硕大的巨人柱能吸收大约一吨水。这么多水

真是霸气十足，好高呀！

"喝"进去，一般人的肚皮早就被撑破了，可巨人柱的身体从上到下长着一条条的棱，布满棱的身体就好比一个超级大的水袋，下雨时"水袋"就会装满根部吸收来的水，所以即使沙漠里长期不下雨，巨人柱也不担心没水"喝"，它可以慢慢享用这"水袋"里的水呢！同时，巨人柱的身体表皮覆盖了一层蜡质，就像一层保护膜，可以将水分的蒸腾量降到最少。此外，和大多数仙人掌植物一样，巨人柱的叶子都变成了刺，这样也可以减少水分的蒸腾，而且尖尖的刺还能赶走想来"喝水"的动物。

## 植物小档案

巨人柱是仙人掌科、仙人掌属多年生常绿肉质植物，原产于墨西哥的下加利福尼亚半岛索诺拉州索诺拉沙漠的边缘，以及美国加利福尼亚州和亚利桑那州内，是世界最高的仙人掌品种之一，植株高大呈柱状，长有分枝。它的果实呈红色，可以食用，有"仙桃"之称。

# 善于与动物合作的树
# 蚁栖树

有一种植物叫作蚁栖树，听这名字，难道树上住了很多蚂蚁？对，蚁栖树的树干上住着一种蚂蚁，叫作益蚁。蚁栖树和益蚁可是一对互帮互助的好朋友哩！

我们先来认识一下蚁栖树吧。蚁栖树长得又高又大，它的叶子像一个个大大的手掌，看起来很像蓖麻的叶子。它的树干上有很多节，看上去一节一节的，就像竹子的茎一样，并且节里面也是空的。蚁栖树的树干上还长有很多小孔，这些小孔就像一个个通道，可以从树干里面通到外面。

那么蚁栖树和益蚁究竟是怎样互相帮助的呢？

原来，蚁栖树的"家乡"在南美洲的热带地区，那里有很多有害蚂蚁。有害蚂蚁是蚁栖树的"敌人"，它们特别爱吃树木的叶子，对树木的危害很大。不过它们并不敢打蚁栖树的主意，因为蚁栖树有"好朋友"益蚁在保护着它。益蚁不吃蚁栖树的叶子，只是喜欢住在蚁栖树树干的空洞里。当有害蚂蚁来偷吃叶子时，为了"保卫家园"，益蚁就会从小孔中钻出来，集体出动，围攻有害蚂蚁，直到把"侵略者"赶走为止。

这里还有美味的食物！

因为有益蚁的保护，蚁栖树再也不怕有害蚂蚁的袭击了。当然，也不能"亏待"好朋友呀，蚁栖树为益蚁提供了美味的食物。它的叶柄基部长有一根根的毛状物，毛中能不断生出小小的蛋状颗粒，这种颗粒正是益蚁十分爱吃的美食。而益蚁的粪便和残体在分解后，也会变成养分被蚁栖树吸收。

就这样，蚁栖树为益蚁提供舒适的栖息地和可口的食物，而益蚁则充当蚁栖树的忠实"护卫"。像这样的两种生物互帮互助、相依为命的关系，其实是自然界中一种常见的"互利共生关系"，这种现象是不是很有趣呢？

我来保护你!

## 植物小档案

蚁栖树是荨麻科号角树属的常绿乔木，学名为号角树，原产于墨西哥南部至南美洲北部和大安的列斯群岛，在我国广东、广西等地也有栽培。它的树干及枝条中空，枝条砍下来可以制成乐器，吹奏出如号角的乐声。由于经常有益蚁居住在中空的树干中，故又名蚁栖树，是一种典型的蚁栖植物。

# 一片叶子的智慧
## 菩提树

　　菩提树，又叫觉悟树、智慧树。"菩提"在佛教用语中有觉悟之意，相传佛教的创始人释迦牟尼正是在菩提树下觉悟成佛，因此该树得名菩提树。在印度、斯里兰卡、缅甸等地的寺庙中，多栽植有菩提树，它被佛教徒视为圣树而受到敬仰。

　　微风吹来，菩提树的树叶沙沙作响，仔细观察就会发现，这小小的树叶里蕴含着巧妙的"智慧"呢！

　　雨水长时间冲刷叶片，会导致植物不能呼吸，叶片在水中溃烂；在潮湿的环境中，也易使叶片滋生真菌；水滴的作用就像凸透镜，能够令阳光聚焦，灼伤叶片。所以，热带雨林中的植物都要有高超的"抗洪排水"本领！菩提树的叶片前端细细的、长长的，犹如一条尾巴，人们叫它"滴水叶尖"。热带雨林里经常下雨，这细长的"尾巴"是菩提树"排水泄洪"的法宝呢！它就如同多雨地区屋顶上的滴水檐，可以将雨水汇集起来，引导至叶尖，使叶片表面迅速变干，这样既有利于叶片的蒸腾作用，又可以清除附着在叶片上的菌类、虫卵等附着物，从而减少病虫害的发生。

同时，菩提树的叶片呈心形，再加上前端细长的"尾巴"，看起来非常漂亮。使用一定的办法除去叶肉，就能得到清晰透明、薄如轻纱的网状叶脉，叫作"菩提纱"，制作成书签，有利于防虫蛀。

一片叶子竟藏有如此多的"智慧"，真是值得我们好好研究啊！

## 植物小档案

菩提树，在佛教中被认为是"神圣之树"、思维树、佛树等，原产于印度、中国西南部，以及中南半岛等地区。菩提树是印度的国树，印度人对它总怀着一种敬意。菩提树的树干粗壮，树冠亭亭如盖；它的树干还富有乳浆，可提取制成硬性橡胶；用树皮汁液漱口可治牙痛；其花入药有发汗解热、镇痛的功效。

# 没有叶子的怪树

## 光棍树

　　非洲有一种没有叶子、全身光秃秃的怪树，满树尽是光溜溜的碧绿枝条，大家都叫它"光棍树"。

　　"光棍树"原产于东非和南非地区，那里的气候炎热、干旱少雨。在恶劣的生存环境下，光棍树为了更好地适应环境，并能在干旱的沙漠气候中继续生存，必须保水抗旱，减少水分蒸腾。原本枝繁叶茂的光棍树，经过长期的进化，用茎代替叶子，使叶子慢慢退化、逐渐消失，最后变成现在的"光棍"模样。这也是植物在自然选择中适应环境的结果。

　　为什么光棍树没有叶子也能进行光合作用呢？

　　光棍树虽然没有绿叶，但它的茎中含有大量的叶绿素。我们知道光合作用离不开植物体内的叶绿素，所以光棍树的茎能代替叶子进行光合作用，制造可供植物生长的养分。

武汉植物园景观温室的热带沙漠植物区也有光棍树在这里安家。我们做了一个小实验，为光棍树提供相对温暖潮湿的环境，这时的它非常容易生长繁殖，同时也能慢慢长出一些新的小叶片哦！这也是植物为适应环境而发生的改变，这些小叶片，可以增加水分的蒸腾量，从而保持体内的水分平衡。

我们如果要种植光棍树就需要注意了，若折断一小根枝条或刮破一点树皮，就会有白色的树汁渗出。光棍树的白色树汁是有毒的，观赏或栽培时一定要特别小心，千万不能让白色乳汁进入人的口、耳、眼、鼻或破裂的伤口中。毒汁可刺激皮肤导致红肿，若不慎让白色乳汁进入我们的眼睛可造成暂时失明！

## 植物小档案

光棍树是大戟科、大戟属灌木。它的"家乡"在东非和南非的热带沙漠地区。在我国南部沿海地区也有大量种植。光棍树植株可达 5 米高。

# 世界上最毒的树

# 见血封喉

　　马来群岛的原始部落常把捕猎的箭头浸泡在一种植物的树汁里，被射中的动物会立刻毙命，能有效地射杀猎物。箭上浸的是什么厉害的毒药呢？它就是世界上最毒的树——见血封喉的树汁。

　　见血封喉的树汁为什么有毒呢？让我来为你解释一下吧！这种汁液在见血封喉的树体内，当我们用针管从树干里抽出这种乳白色的汁液时，会发现在不同温度和湿度下，它的汁液黏稠度也是不一样的。当湿度小时，汁液就会比较浓，毒性就比较大；而湿度大时，树汁就好像被水稀释了一样，毒性就比较小了。这种乳白色的汁液中含有弩箭子甙、见血封喉甙等多种有毒物质。

　　我们要注意，当身体有破裂的伤口时，伤口千万不能触碰到这种毒汁。因为这种毒汁经由伤口进入人体后，就会引起肌肉松弛、血液凝固、心脏跳动减缓等症状，最后导致心跳停止而死亡。如果不小心吃到它，会导致心脏麻痹，

这下有肉吃了！

以至停止跳动。如果乳汁溅至眼睛里，眼睛也会马上失明。所以，猎人用这种有毒的汁液制作毒箭作为狩猎的武器，被射中的动物，无论伤势轻重，都会因中毒而死亡。

为了地球生态平衡，我们要保护动物，那见血封喉树在现在就毫无用处了吗？当然不是！

现在，科学家将见血封喉树的汁液制成独特的药物。他们把树汁中的有效成分提取出来后，用科学的手段进行加工，用以治疗高血压、心脏病等疾病。见血封喉树的树皮纤维还能做成漂亮的衣服呢！在云南，傣族和基诺族人能用它做树毯、褥垫和衣服。那里的人们先用木棍反复捶打树皮，使得树皮纤维和木质分开，然后将树皮纤维浸泡一个月左右，这样做的目的是为了去除毒性，然后这种细长的纤维就变得柔软而富有弹性。用它做的毯子、褥垫舒适耐用，而做成的衣服和筒裙，既轻柔，又保暖。在基诺族的盛大节日时，族人会穿上见血封喉树做成的衣服。

## 植物小档案

见血封喉是桑科、见血封喉属植物，又名箭毒木。植株可高达40米，春夏之际开花，秋季结果，果实不能食用。

# 枝条柔软可打结的花

# 结香

许多花都有自己独特的芳香气味，你有没有见过越打结越香的植物呢？今天我们就去看看枝条可以打结的奇特植物——结香。

结香在我国是常见的植物，"身高"有 1～2 米，当我们用手去触碰它的枝条时，会感到它的枝条韧性极强，其枝条可以任意缠绕打结而不会折断，它的名字就由此而来。结香是先开花、后长叶的植物，一般会在早春时节开花，通常在开花前一年，枝条打结的越多，开的花的香味就越浓。

结香也被誉为中国的"爱情树"，恋爱中的人们想要长久，会在结香的树枝前打两个同向的结，寓意爱情甜蜜、幸福。结香每年分枝一次，一般每枝分出三个小枝，如此生长，节节呈三叉状，故此，它又被叫作"三丫"。

啊哈！这么有趣的植物

你知道吗？结香还是一种高级木本纤维植物，它的枝干皮层含有 40％左右的纤维，纤维长 2.9 ～ 4.5 毫米。它的韧皮纤维发达、细柔、韧性强，是制造高级纸张和人造丝、人造棉的上等原料。

若在家门口种植结香，还有利于防止白蚁的侵害。人们通常用结香叶晒干研磨成粉，用以杀灭蚁蛹。结香的根、茎、花也有药用价值，有舒筋活血、消肿止痛的功效。

## 植物小档案

结香是瑞香科、结香属落叶灌木，它的"家乡"在我国长江以南及河南、陕西等地区。结香一般在 2~4 月开花。

# 最招引猴子的树
# 猴面包树

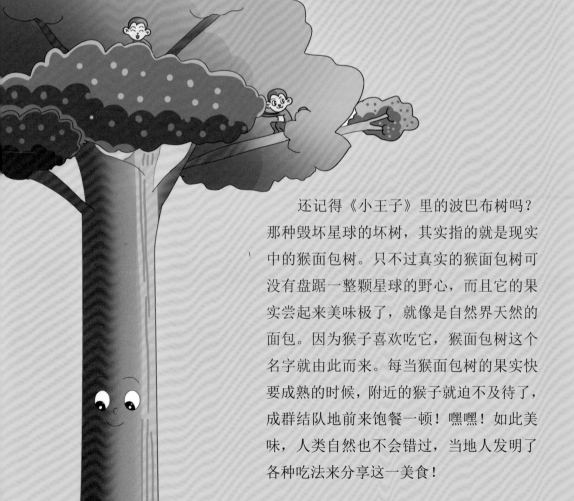

还记得《小王子》里的波巴布树吗？那种毁坏星球的坏树，其实指的就是现实中的猴面包树。只不过真实的猴面包树可没有盘踞一整颗星球的野心，而且它的果实尝起来美味极了，就像是自然界天然的面包。因为猴子喜欢吃它，猴面包树这个名字就由此而来。每当猴面包树的果实快要成熟的时候，附近的猴子就迫不及待了，成群结队地前来饱餐一顿！嘿嘿！如此美味，人类自然也不会错过，当地人发明了各种吃法来分享这一美食！

猴面包树长得和其他的树很不一样。我们知道，一般的树从树干到枝叶，不断地分枝，逐渐变细。但是为了度过热带草原的漫长旱季，猴面包树的树干在雨季时拼命地吸水，像海绵一样。吸饱了水的猴面包树把"肚子"，也就是它的树干胀得鼓鼓的，活脱脱的像一个大胖子！又高又粗的树干上，顶着一蓬"乱发"，就是它的枝叶，相比鼓鼓的树干，枝叶一下子纤细了不少。

猴面包树的树干里储藏的水不仅能满足自身的需要，就像它的另一个昵称"旅人树"，在炎热的草原上，旅行者又累又渴、筋疲力尽的时候，看到一棵猴面包树最能令人高兴了！只需在树干上挖一个小孔，源源流出的"清泉"便可缓解旅行者的干渴与疲劳。

巨人般屹立在土地上的猴面包树不仅有能够储藏水分的本领，以便度过炎热的旱季，还能为猴子提供美食，与旅行者分享宝贵的水源，不愧是热带草原里的"生命之树"啊！

## 植物小档案

猴面包树，属于木棉科、猴面包树属的落叶乔木，原产于非洲热带地区。它的树形奇特、十分巨大，形成了非洲草原上一道壮丽的风景线。

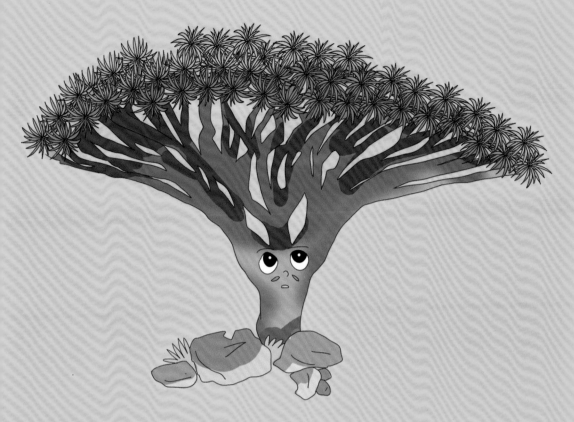

# 会"流血"的树
## 龙血树

  在一片满是巨石的荒原上，散布着巨大的"绿伞"。走近观察，像一把把锋利宝剑的叶片密密地"插"在"巨伞"上，"伞"下是繁茂的枝干，呈放射状，支撑起整个"大伞"。树皮粗糙开裂，枝干苍劲有力，显得这把"大伞"老态龙钟，这就是龙血树。传说中，龙血树是在巨龙与大象交战时，因血洒大地而生。如果能亲眼看到它，你一定会觉得十分震撼！

  龙血树有一个特点，如果用刀在树上划一道，鲜红色的汁液便会从"伤口"中流出来，好像在流血一样。其实，树木"受伤"后流出汁液也并不罕见，这是树为了保护"伤口"不受细菌侵入而分泌的。例如，松树受伤时，会流出油油的树脂；橡胶树受伤时，则会流出乳白色的橡胶。但是，很少有树能流出龙血树那样红色的汁液。这的确十分罕见，加上龙血树的样子又这么古怪，难怪古时候的人们坚信那是龙的血液，而相信有魔法的人还认为它有魔力，甚至会用它来做魔法道具呢！

抛开这些不可信的传说，龙血树的"血液"也是有用的。前面说到，树木"受伤"后流出汁液是为了保护"伤口"不受细菌侵入而分泌的。那么，就是说这种汁液是有杀菌作用的吗？对，这就是龙血树制造出的为自己疗伤的药啊！把龙血树的"血液"收集起来，干燥处理后就成了血竭——一种珍贵的药材，除此之外，还可以做成燃料和防腐剂。

除了利用血竭，龙血树"家族"里的一些成员还长得很好看，非常适合作为绿化植物。现在，我们很容易就能从花卉市场买来一盆青翠欲滴的龙血树，摆在家里，看着真是令人神清气爽！

## 植物小档案

龙血树，是百合科、龙血树属多种植物的统称，大多是多年生乔木，也有多年生灌木。它的树形优美，叶片常绿，在市场上常见的富贵竹就是其中的一员。

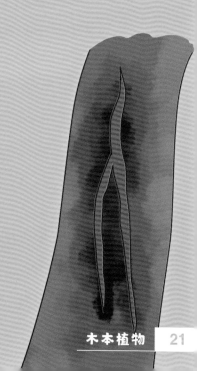

# 不装酒的"酒瓶"

## 酒瓶兰

有一种奇特的植物，长得美丽又有趣，这种植物叫作酒瓶兰。

酒瓶兰的树干下部膨大，圆鼓鼓的，像酒瓶的瓶肚；树干上部笔直细长，很像酒瓶的瓶颈；树干的顶部生长着一丛茂密的绿叶，叶子细细长长的，像丝带，狭长的叶子自然垂下，看起来很像山林中野生的兰花。整体望去，仿佛一簇兰花插在大大的酒瓶里，着实有趣。

不过酒瓶兰的"瓶子"里装的可不是酒，而是用来储存水分的。酒瓶兰原产于墨西哥和美国南部的干旱地区，那里长期干旱少雨。经常"没水喝"，一般的植物可受不了，而酒瓶兰的"瓶子"就是它生存的"法宝"。人们在生活中用水缸、水桶等容器来储存水分，这大大的"瓶子"就是酒瓶兰专用的水缸，可以储存从土壤中吸取来的水分。在干旱的气候下，这个"瓶子"为酒瓶兰提供生存所必需的水分，保证它不会被"渴死"，于是酒瓶兰才能"健康"地生活下去。

植物小档案

酒瓶兰属于龙舌兰科、酒瓶兰属常绿小乔木，是优美的观叶植物，也被称为象腿树，原产于墨西哥等地。它的茎干直立，在原产地可生长至10米，树干下部肥大，很像酒瓶，因此得名酒瓶兰。

这"瓶子"为我提供了充足的水分，哈哈哈！

# 害羞的 "小孩" 夜来香

　　夜来香，这种植物的有趣之处就如它的名字，夜晚会散发出浓浓的香气。

　　很多植物都是白天开花，香味也会尽情释放出来，以吸引昆虫来传粉。而夜来香却不同，它仿佛一个害羞的小孩，白天时，它的花瓣微微闭合，只有淡淡的香气；当夕阳下落，夜幕来临时，它会悄悄地张开花瓣，散发出浓烈的香味。

　　别的植物在太阳底下晒一晒，香气会挥发地更快，闻起来也更香。为什么夜来香在白天反而不如夜晚香呢？原来夜来香花瓣上的气孔有一个

显著的特点——空气湿度越大，气孔张开得越大。如果把花瓣比作装着芳香油的瓶子，这气孔就像瓶盖。晚上，没有日晒，空气比白天湿润得多，于是好比"瓶盖"的气孔比白天开得更大，芳香油也就挥发得更多，所以晚上散发出的香气就更浓了。"夜来香"的名字也就是这样得来的。当然，同样的道理，夜来香的花在湿度很大的阴雨天，香气也比晴天时更浓呢！

不过，夜来香选择晚上散发香气，可不是真的因为害羞，而是为了生存！夜来香生长在热带、亚热带地区，那里白天气温高，出来活动的昆虫少。到了晚上，温度降低，昆虫就出来找食物啦。而夜来香主要是靠夜间出现的飞蛾传粉。在黑夜里，它正是利用散发出来的强烈香气，吸引飞蛾前来"拜访"，为它传送花粉。所以，夜来香的这一特殊习性是为了生存繁衍，长期适应环境而形成的哦！

## 植物小档案

夜来香，又叫夜香花、夜兰香，是萝藦科、夜来香属的藤状灌木。原产于我国华南地区，现南方各省均有栽培。在亚洲热带和亚热带地区，以及欧洲、美洲均有栽培。花瓣呈黄绿色，高脚杯状，具有芳香气味，在晚间更香。我国华南地区的人们会用夜来香的花与肉类煎炒做菜。它的花、叶还能药用，有清肝、明目的功效。

# 美丽只在一瞬间

# 昙花

昙花是一种很奇特的植物，在自然状态下，人们要想欣赏它美丽的花朵，只能等到晚上才可以呢！

因为，昙花只在晚上开放，并且它的花只开放三四个小时，就会闭合。它那雪白美丽的花瓣在月色中轻轻绽放，就像是可爱的少女露出害羞的脸庞，所以它还有个名副其实的名字，叫作"月下美人"。

为什么昙花只在夜间开放，而且开放的时间还这么短呢？原因要从昙花的生长环境说起。昙花原本生长在墨西哥等国的热带沙漠中。那里，白天温度高、干燥炎热、水分蒸发快，不利于昙花开放；而午夜12点以后，温度又变得很低，也不适合开花。夜晚八九点到十二点，既没有烈日的暴晒，又不像深夜气温那么低，正好适合昙花开放。于是，"聪明"的昙花选择在这个时间段开放，开放三四个小时，当花朵上的水分蒸发完以后，昙花就紧闭凋谢了。

昙花需要靠昆虫授粉，以便让自己顺利的"传宗接代"，而昙花选择在夜间开放，与它的授粉者也有很大的关系。原来，热带沙漠中的昆虫也害怕高温，白天太热了，它们躲在"家里"不出门，到了晚上凉快的时候，它们就开心地出来找吃的了。而到了深夜，气温又很低，昆虫也要"回家睡觉"了。所以，昙花在这个时候展现出美丽而芳香的花朵，是最有利于授粉的时间呢！于是，为了生存下去，久而久之，昙花就形成了这种特殊的开花习性。夜晚绽放的昙花不仅美丽，其实还很"聪明"啊！

## 植物小档案

昙花，原产于墨西哥、危地马拉、洪都拉斯、尼加拉瓜、苏里南和哥斯达黎加等国，现在世界各地均有栽培。除了供人们观赏，凋谢的昙花还可以入药，有清热解燥的功效；也可以用于烹饪，味道鲜美可口，别具一番风味。

我可是名副其实的"月下美人"！

# 会变色的花

# 绣球花

六七月份，当春天的百花都已凋落的时候，公园和庭院里绚烂的色彩被快速生长的绿色所代替。然而，你也可能看见这样一幅景象：一大片的蓝色或粉红色层层叠叠地堆在一起，有深有浅，一团团球形的花蓬松柔软地簇拥在一起，浓密得看不见缝隙，有的甚至压弯了枝条，顶着个"大脑袋"垂到地上，绿油油的叶子像极了蚕最爱吃的肥嫩的桑叶，衬托着花朵，格外惹人喜爱。

这就是绣球花，因为花很像绣球而得名，也有人称它为八仙花、紫阳花、粉团花，原产于中国和日本。仔细观察绣球花的花朵，我们会发现它的花其实是很多小花朵挤成的一团。如果你以为那绚丽的色彩来自于它的花瓣，那你就被"聪明"的绣球花欺骗了，看到的只是它的"萼片"，而花瓣已经退化的看不见了。我们知道，花儿艳丽的花瓣是用来吸引昆虫为它传粉的，绣球花则让萼片为花瓣代劳。

绣球花最令人惊叹的莫过于它的变色本领了，在酸性土壤中，绣球花呈蓝色系；在碱性土壤中，绣球花呈粉色系；酸碱度介于两者之间的，则呈现紫色。

　　这可不是因为绣球花会变魔术哟，其实，色变是绣球花的一种"解毒"措施！原来，在地壳中，含有大量的铝元素，而在酸性土壤中，铝会溶解成三价铝离子，这对植物来说是有毒的。大多数植物能够通过根系把铝离子排出去，但绣球花的解毒方式不同寻常，它可以吸收铝离子，在体内把铝离子转变成一种复合物，这样就降低了铝离子的浓度，从而起到"解毒"效果。而这种复合物呈现亮蓝色，其含量的细微变化，就会造成绣球花颜色的深浅不一。在酸性土壤中，铝离子的含量高，这种复合物的含量也高，所以绣球花就呈现蓝色系；反之，在碱性土壤中，就是粉色系咯！

　　哇哦，绣球花在为自己"解毒"的同时，也造就了这么有趣的花色变化，是不是很神奇呀？

绣球花颜色好漂亮呀！

## 植物小档案

绣球花，虎耳草科、绣球属的落叶灌木，原产于中国和日本，常常与木绣球——荚蒾属的植物混淆，它们的花非常相近，但绣球花呈紧凑丛生的灌木状，木绣球则看起来更像一棵树。

# 让羊惊恐的花

羊踯躅

在低矮的坡地上，灌木丛中开满了鲜黄色的美丽花朵，几只山羊悠闲地迈着步子，不时低头啃食嫩草。多么清新美好的画面啊！这时，一只不懂事的小羊好奇地咬了一口黄色的花朵，咀嚼起来。不一会儿，小羊走路就变得摇摇晃晃、

啊哈！这么有趣的植物

步履蹒跚，渐渐昏过去。这到底是怎么回事？可能与刚刚那朵黄色的花儿有关！没错！小羊吃的就是大名鼎鼎的有毒植物——羊踯躅，一种开黄色花的杜鹃花科植物。

羊踯躅，又名惊羊花、黄杜鹃，和其他杜鹃花一样，属于灌木，开着喇叭状的五瓣花。那看起来鲜艳娇嫩的羊踯躅为什么要毒害可爱的小羊呢？其实，和其他有毒植物一样，羊踯躅体内制造出毒素也是为了保护自己。

但羊踯躅并不会毫不留情地把任何尝试吃它的动物都杀死。幸好小羊吃得很少，在一阵呕吐、腹泻和眩晕的反应过后，渐渐地恢复过来。如果贪吃太多，就没这么幸运了，恐怕小羊的性命不保！从此，小羊一看到羊踯躅，就会想起以前那段可怕的经历，于是宁愿饿肚子，也不敢靠近它了。

羊踯躅就这样成功地保护了自己，看来毒素是植物有效的防御"武器"之一啊！

你相信吗？相传，羊踯躅还是制作"蒙汗药"的原料之一，也是因为它的毒素能让人产生眩晕、麻醉的效果；"神医"华佗也利用羊踯躅的"本领"，配制成"麻沸散"，来麻醉接受手术的病人。不管这些传说是否真实，在现代医学的研究下，羊踯躅的毒素正在被分析、开发，发挥着治病救人的用途。

## 植物小档案

羊踯躅，杜鹃花科、杜鹃花属的落叶灌木，经常出现在中国和日本的丘陵地带。它的花十分艳丽，却是有毒植物。

# 色彩斑斓的 "大嘴巴" 热唇草

　　有一种植物十分调皮可爱，它竟然有着像我们人类一样的"嘴巴"，是不是很奇特啊，让我们一起来认识一下它吧！

　　这种植物叫作热唇草，它的"家"在巴西到墨西哥湾、西印度群岛一带，其中在特立尼达和多巴哥及哥斯达黎加的热带丛林中最常见。

　　在热带丛林中，一场大雨过后，热唇草的花欣然开放，鲜红的"双唇"中伸出一朵精致的小花，很像是一个调皮的少女用红嘟嘟的嘴唇含着花儿，真是可爱极了。

　　这两片红嘟嘟的"嘴唇"究竟是什么啊？它们其实是长在花下的叶子，只不过，这种叶子和一般的叶子不一样，是一种变态叶，它有一个正式的名字叫作"苞叶"。苞叶长在花朵的周围，对花朵或果实起着保护的作用。大多数植物的苞叶是绿色的，而热唇草的苞叶却是鲜红色的，除了保护作用，它的鲜艳色泽可以吸引蜂鸟来传粉。要知道，热唇草的小花颜色较淡，花里也没有"蜜糖"，吸引动物来传粉可全靠这对美丽的"红唇"啦！

## 植物小档案

热唇草属于茜草科、九节属植物，有趣的是，热唇草的花在雨后才开放。在雨水的洗礼下，这对"双唇"显得更加鲜亮、美丽。

除了热唇草，我们在生活中常见的一些植物，如红掌、马蹄莲、白鹤芋等，它们开花时，那片大大的"花瓣"其实也是苞叶。难道很多植物的苞叶都是又大又漂亮，可以像花朵一样让人观赏吗？这样的植物的确有一些，不过相比于庞大的植物"王国"来说，它们的数量还很少。其实，绝大多数植物的苞叶都长的既小又普通，颜色也只是普通的绿色，看起来和一般的叶子差不多。苞叶长在花芽的周围，起到保护作用，在花芽展开后便会慢慢凋谢、脱落，只有少数植物的苞叶能保存下来，最终发育成普通的叶子。

我要随着音乐摇摆！

# 它会尽情地跳舞
## 跳舞草

小朋友，你喜欢跳舞吗？你见过爱跳舞的植物吗？今天我们就来了解一下爱跳舞的植物——跳舞草。

我们在25℃以上时，对着跳舞草播放大于60分贝的音乐。它就会随着音乐舞动，抖动着"腰身"跳着"肚皮舞"，两枚小叶绕着中间的大叶旋转。晚上，我们看跳舞草时，它的叶柄向上，贴向枝条，顶小叶下垂，就像一把合起的折刀，通过影像记录，可以看到小叶仍在徐徐转动，速度比白天慢得多。随着晨曦的到来，跳舞草的叶腋角度增大，顶小叶被撑开。

为什么跳舞草会跳舞呢？

跳舞草起舞原因主要与温度、阳光和一定的节奏、节律、强度下的声波感应有关。

跳舞草小叶柄基部中的海绵体组织对光有敏感反应。当温度上升，跳舞草体内水分加速蒸腾时，海绵体就会膨胀，小叶开始左右摆动。同时，跳舞草还会有声感，当它受到音量达60分贝的声波振荡时，海绵体也会收缩，带动小叶片"翩翩起舞"。

一般情况下，跳舞草的2片小叶会不停地摆动，每片小叶在30秒就完成1次椭圆形的运动，转动到180度之后回到原来的样子，再重复性"起舞"。

如果光照越强或声波振动越大，跳舞草叶片运动的速度就会越快。当夜幕降临时，光线有明显的变化，海绵体就会收缩，叶子便垂了下来，紧闭而贴于枝干上。

调皮的跳舞草分布在世界多个地区，如印度尼西亚、马来西亚、泰国、斯里兰卡等，在中国也能看到它的踪迹。跳舞草的野生种现在已经处于濒危状态，被列为保护植物。我们需要更加爱护跳舞草！

## 植物小档案

跳舞草生长在海拔200~1500米的丘陵山坡及山沟的灌木丛中，植株高为70~100厘米，跳舞草叶柄上一般长有3枚叶片。

### 知识链接

植物有哪些器官？

植物有营养器官和繁殖器官，根、茎、叶是植物的营养器官；花、果实、种子是植物的繁殖器官。根、茎、叶主要负责完成从营养物质的吸收、合成、运输到蒸腾等生长工作。花、果实、种子则负责植物完成生殖、延续后代的繁衍工作。

# 果园里的"魔法师"

## 神秘果

能改变人类味觉的"魔法师"你见过吗？在我国海南、云南、广东、广西和福建等地经常能发现它的身影哦！它的"脸蛋"红扑扑的好似小蜜枣，当我们摘下品尝时，会有不同的味觉感受，真的会很神奇呢！

神秘果是椭圆形的，果皮是红色的，果肉却是白色的，果汁非常充足。将神秘果放到嘴里会感觉有微微的甜味，如果吃完后立刻喝一口柠檬汁，嘴里的柠檬酸味也会由酸变甜，感觉像是在吃甜柚子。如果喝粥前将神秘果放入嘴里，不用加白糖，在喝粥时一样很甜。也许你害怕吃苦瓜，主要是因为苦瓜的味觉感受很苦，但如果先吃下神秘果再吃苦瓜时，就没有苦苦的味道了。

我们吃神秘果时为什么会有这么多神奇的味觉体验呢？

那是因为神秘果的果实里有一种神秘果素，是一种特殊的糖蛋白，这种糖蛋白是能使酸味变甜味的主要原因。

当我们吃完神秘果的果肉后，可以看到一颗可爱的橄榄形小核，呈深褐色，每颗小核中只有 1 粒种子，将小核种在土里就可以再长出新的神秘果树了。20 世纪 60 年代，周恩来总理访问非洲加纳阿普里植物园时曾带回神秘果的种子。

人们还发现，神秘果的果皮可以提取天然色素，提取的花青苷可用于食品添加剂或用于食品调色。

## 植物小档案

神秘果是山榄科、神秘果属的常绿灌木。它的家乡在西非地区，现在我国南部沿海地区有栽种。神秘果植株可达 4.5 米高，有 3 次盛花期，分别是 2~3 月、5~6 月、7~8 月。

# 植物中的寿星
## 百岁兰

　　走在非洲西南的沙漠上，你可能会发现一团奇怪的植物，像海带一样宽宽的叶子，张牙舞爪地盘在地上。那你很可能是看到了花中的寿星——百岁兰！要知道，一株百岁兰一般能活数百年之久，科学家发现，有些百岁兰竟然已经超过 2000 岁了！

　　我们知道落叶植物在春天发芽，到秋天枯萎、脱落，即使是常绿植物的叶子也会衰老、凋零。在植物的一生中，叶子总是一轮一轮地更换。但令人惊讶的是，百岁兰的一生只长两片叶子！在植物界中,这是独一无二的！百岁兰从小到老,两片叶子不断地生长，叶子的基部是新长出的绿绿的部分，而叶子的外端可能已经有几十岁、上百岁了，外端变得枯黄，风沙一吹，碎裂成一条条的，像破

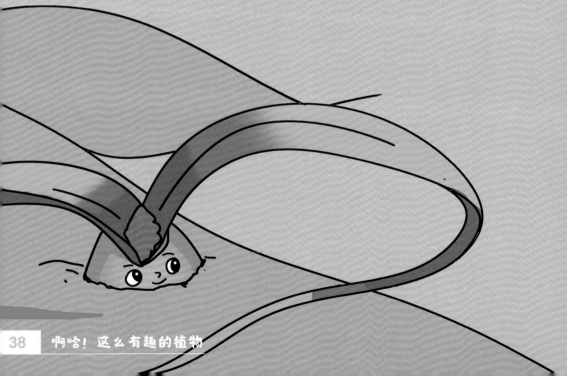

布一样，又像一条马尾。想想看！从叶子末端到基部，就像是一条时间的河流，这里是 100 年前长出的，那里是 50 年前长出的，再到今天，就这样，这两片叶子陪伴百岁兰度过了漫长的一生……

聪明的你可能要发问了：在炎热干旱的沙漠里，为了保持水分，其他植物的叶子都长得小小的，有的干脆变成一根刺，为什么百岁兰的叶子长得又宽又大呢？这是由于百岁兰生长的沙漠靠近大西洋，海里蒸发的水汽飘到沙漠里，就形成了雾。在清晨，浓浓的雾气凝结在叶片上，为百岁兰提供宝贵的水分。另外，百岁兰的根可长达 10 米，像一根巨型的胡萝卜，深深地扎入地下，吸取地底的水分。依靠雾气和长长的根，百岁兰便年复一年地在沙漠中顽强生长！

## 植物小档案

百岁兰属于百岁兰科，这个科只有它一种植物，也许是因为实在太特别了。科学家认为，百岁兰是从裸子植物进化到被子植物过程中的重要一环，很有研究价值。

# 植物界的"蜘蛛侠"
## 爬山虎

　　"爬山虎"这个名字总是能给人深刻的印象，马上使人联想到满墙的绿色：密不透风的翠绿色叶子紧紧地包住整面墙，叶尖整整齐齐的一致朝下，这是多么壮观的景象啊！爬山虎属于葡萄科，样子与它的"表亲"葡萄长得很像。但不管是葡萄，还是瓜蔓，这些爬藤植物总需要架子的支撑。只有植物界的"蜘蛛侠"——爬山虎，无论是光滑的岩石，还是垂直的墙壁，都能轻松攀援。嘿嘿！不然怎么称得上"爬山虎"这么霸气的名字呢！那么，它是怎么做到的呢？

　　爬山虎攀爬本领的秘密全在它的卷须里。茎上面生长的卷须可以算是葡萄科"大家族"的标志了。葡萄就利用卷须，牢牢地缠住葡萄架，向上生长。可是，在没有架子支撑的地方，这些卷须就变得"垂头丧气"，没了办法。那些陡峭的岩石峭壁裸露着，要好好利用这块空间才行。爬山虎有办法，它卷须上的细丝一旦碰到岩石、墙壁等，就开始膨大，形成一个个吸盘，样子真像壁虎的脚。慢慢地，吸盘开始分泌有腐蚀作用的酸性黏液，把自己牢牢地粘在墙上或岩石上。即使干燥、死亡也绝不"松手"！爬山虎就是利用这些"小脚"，像蜘蛛侠一样，攀爬到其他植物爬不上去的绝壁，即使是大风、大雨也奈何不了它。就这样，爬山虎占领了一个个陡峭的绝壁，开拓全新的领地，为自己赢得了生存竞争的优势！

人们利用爬山虎的独特本领，用于绿化房屋墙壁、公园山石。爬山虎为墙壁遮住了灼热的阳光，待在这样的房子里还格外凉爽呢！春天，爬山虎长出嫩绿可爱的叶子；夏天，爬山虎开花，结出紫黑色的小浆果；秋天，爬山虎的叶子变成橙黄色或红色，又给建筑物增添了别样的色彩。

## 植物小档案

爬山虎是葡萄科、地锦属多种植物的统称，多年生落叶藤本植物，分布于东亚及北美等地区，适应和繁殖能力很强。

吸盘

草本植物

# 草本植物中的 "金刚"
# 旅人蕉

这株植物长的可真高呀！

植物家族主要可以分为草本植物和木本植物。说到草本植物，你的脑海里会浮现出什么画面呀？有没有出现一片绿油油的草地呢？有没有联想到我们每天吃的蔬菜呢？或者会想起我们食物的主要来源——水稻和小麦……没错儿！这些都属于草本植物，而且回想起来，它们还有一个共同点，那就是都长的较矮，不像树木那样高大。

难道所有的草本植物都是这样矮小的吗？哈！当然不是！现在我们要认识的这种草本植物，可是有着非常高大，甚至可以说是巨大的身体呢，它的名字叫作旅人蕉。

旅人蕉原产于非洲马达加斯加岛，是一种来自热

带的草本植物。它的身材可魁梧啦，高达20多米，光是一个叶片就有3~4米长。一株水稻高约1.2米，一棵大白菜高约30厘米，一棵旅人蕉差不多要20株水稻或67棵大白菜连起来那么高哩！哇，在草本植物这个"家族"里，旅人蕉可真是身躯庞大的"金刚"呀！

　　而且，它长的也很奇特。旅人蕉的叶片竖向排成两列，整体铺成一个平面，好像拔地而起的一把巨型折扇，又如孔雀开屏一样美丽动人，还像《西游记》中铁扇公主的芭蕉扇，因此人们又称它为"扇芭蕉"。

## 植物小档案

旅人蕉是旅人蕉科、旅人蕉属的多年生草本植物。它的"家乡"在非洲马达加斯加岛，我国的海南岛也有栽种。旅人蕉是世界上最大的草本植物，在原产地被誉为"国树"，深受当地人喜爱。

叶枕

# 会 "害羞" 的植物
## 含羞草

　　有一种植物也会 "害羞" 呢，用手轻轻触摸它的叶子，原本平展伸开的叶子会立刻闭合起来，像害羞的小女孩一样，这种植物叫作含羞草。

　　含羞草的叶子具有长长的叶柄，叶柄的前端分出两对羽轴，每一根羽轴上长着两排长椭圆形的小叶片。用手触摸，两排小叶片就会合拢在一起，如果震动大叶柄，叶柄也会下垂，甚至传递到其他叶柄上的叶子，也会导致它们闭合呢！

　　含羞草为什么会 "害羞" 呢？ 因为，在它的叶柄基部有一个膨大的器官叫 "叶枕"。叶枕就像一个感应开关，当刺激来临时，叶枕内的压力降低，于是出现叶片闭合、叶柄下垂的现象，就好像一只充满气的气球突然被放了气，一下子瘪下去了。不过没关系，不一会儿，刺激消失，叶枕内的压力又会恢复正常，就像瘪着的气球又被充满了气，叶片又恢复成原来的样子。

含羞草怎么会有这种本领呢？原来含羞草的"家乡"在热带地区，那里狂风暴雨比较多，当雨水滴落在小叶片或暴风吹动小叶片时，通过感应立即把叶子闭合，从而保护自己柔弱的叶片不受暴风雨的摧残。看来，这是含羞草在适应环境的过程中形成的"本领"呀！

含羞草株形散落，叶子纤细秀丽，花开得较多，呈淡淡的粉色，清丽雅致。它的花儿像绒球，可爱动人。如果在家里种一株含羞草，你偶尔碰碰它，它就会合上叶子，不是很好玩吗？

植物小档案

含羞草为豆科、含羞草属多年生草本或亚灌木，因为叶子受到外力触碰会立即闭合，所以得名含羞草。原产于南美洲热带地区，由于易于生长成活，我国各地均有栽培。

果针

# 脾气古怪的结果植物

# 花生

　　我们知道，陆地上的植物大多是在地上开花、地上结果，可是花生却非常调皮。它的花开在地上，而果实却长在土里，人们要想吃到它的果儿，必须把它从土里刨出来才行。这种地下结果的现象在植物"王国"里十分少见，也因此，花生还有个别名叫落花生。

花生的幼苗长大之后，会开出许多蝴蝶般的小黄花。雌蕊受精后，子房基部的组织会快速分裂，形成子房柄。子房柄会迅速伸长，它的顶端有个小鼓包，是子房，整体看上去像个大头针，因此，子房柄和前端的子房合称为"果针"。子房柄长得很长，当接触到地面时，就向下钻入土中。在黑暗的土壤中，子房就开始膨大结实，慢慢发育成果实。

花生就是这样结果的，它可真是古怪呀，为什么一定要在土壤里才能结果呢？原来，黑暗是花生结果必需的一个条件。有人曾做过实验，把花生果针插入透明见光的瓶子里，就算其他条件都具备，花生也是不会结果的；但换成遮光的黑暗瓶子，子房就能膨大结果了。在实际的生产中也会发现，花生没有入土的果针只能伸长，却不能结果，而正在发育中的果实，如果露出地面也会停止生长。看来，花生结果还真是离不开黑暗的环境啊！

### 植物小档案

花生，原产于南美洲一带，不过目前世界上栽培花生的国家有100多个，亚洲最为普遍，其次为非洲。花生被人们称为"植物肉"，因为花生果实的含油量很高，榨出来的花生油吃起来可香了。所以，花生的经济价值很高。

# 只"吃"空气就能生存的植物 空气凤梨

　　我们平时见到的植物通常都把根深深地扎进土壤里,吸取水分和养分,有的植物则长在水里,还有的漂在水面上。然而,你见过长在空气中,完全不需要土壤的植物吗?地球上只有一种完全长在空气中的植物,那就是空气凤梨。哇!那它是会飞吗?不要理解错了,长在空气中并不是指飘浮在空中,空气凤梨也需要固定在石头或枝桠上,有的还会长出一些根来固定自己。长在空气中的意思是,空气凤梨完全通过吸收空气中的水分和养分就可以生长,是不是很酷呢?

　　空气凤梨可以分成两类,一类生长在潮湿的雨林或沼泽里,那里空气湿润,不用担心水分不足,它们的叶子就可以长得又宽又大,有的还卷成波浪状,十分华丽;而另一类生长在干燥的荒漠里,为了保持珍贵的水分,它们的叶子又细又密地簇在一起,乍一看就像一丛草,很不起眼。荒漠的阳光总是火辣辣的,为了保存水分,这里的空气凤梨还在叶子上"铺"

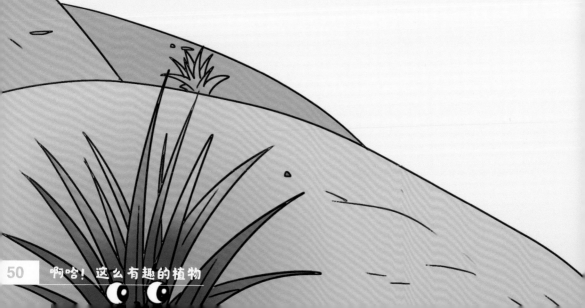

了一层细白的鳞片，既可以反射灼热的阳光，又可以凝结空气中的水汽，真是一举多得！

　　植物的奇妙之处并不是无中生有的，而是在进化过程中慢慢获得的。空气凤梨是凤梨"家族"的一员，在漫漫的进化"路途"中，凤梨选择了附生的生活方式：攀附在大树上，更靠近太阳，也远离地面上的食草动物。可是这样一来，也远离了肥沃的土地。那怎么办呢？于是，凤梨开始珍惜每一滴雨露，有的把叶子变成小水塘，接住雨水，就成了积水凤梨；有的学会从空气中吸取水分和养料，渐渐地摆脱对土壤的依赖。而空气凤梨就是"家族"里最突出的佼佼者，它进化得完全只依赖空气就能生存！

## 植物小档案

空气凤梨，凤梨科、铁兰属的多年生草本植物，原产于美洲，品种繁多，有的呈莲座状，有的呈线状，有的丛生在一起，叶子也有绿色、银色、红色和黄色等多种色彩。

# 植物中的"火炮手"
## 喷瓜

我们都知道在大自然中，植物的种子传播有不同的形式，归纳起来主要为利用风、水、鸟、昆虫等媒介传播。今天向大家介绍一种能远距离传播自己种子的植物。

你知道有一种植物能像发射炮弹一样，发射出它的种子吗？仔细听，"突突、突突、突突突"，快看，这种植物又在向外喷射"炮弹"了！我们现在就去了解一下它吧！

这种发射炮弹的植物名叫喷瓜，有人说喷瓜的果实像黄瓜，那它为什么能将种子向外喷射呢？

原来在喷瓜成熟后，它的种子不像我们常见的瓜那样在柔软的瓜瓢中，而是浸泡在黏稠的浆液里。生长着种子的多浆质的组织，变成黏性浆液，把瓜皮胀得鼓鼓的。当喷瓜成熟时，稍有风吹草动，瓜柄就会与瓜自然脱开，瓜上出现一个小孔，就会听到"砰"的破裂声，紧绷

绷的瓜皮把浆液连同种子从小孔里喷射出去，可以喷到13~18米远的地方，种子就这样传播出去了，所以有人把它叫作"铁炮瓜"。当然，喷瓜的果实也是非常有力气的果实哦！

用力喷发！

　　小朋友要注意的是，在观察喷瓜喷射种子时，要当心与种子一起射出的黏性浆液。这种液体是有毒的，不能把它弄到眼睛里面去哦！

## 植物小档案

喷瓜是葫芦科、喷瓜属的多年生匍匐草本植物，它的"家乡"在欧洲南部，分别长有雄花和雌花，花多为黄色。

### 知识链接

#### 植物的"性别"奇妙无比

小朋友，你知道植物也是有性别的吗？有些植物是拥有雌蕊的雌性植物，而有些植物是拥有雄蕊的雄性植物，还有一些植物则是雌蕊和雄蕊都有的雌雄同株植物。另外，在雌雄同株的植物中，多数植物是雌蕊和雄蕊同时长在同一朵花里，如玫瑰花同时具有雌蕊和雄蕊。还有一部分植物是同时拥有只具备雌蕊的雌花和只具备雄蕊的雄花，如黄瓜，一株黄瓜能同时开出只有雌蕊的雌花和只有雄蕊的雄花。喷瓜也有雄花和雌花之别，需要帮助喷瓜授粉，我们可以用毛笔将雄花的花粉轻轻沾到笔头上，再将它们涂在喷瓜雌花的雌蕊上。
植物的"性别"虽然复杂，但它们都有一个共同"愿望"，就是希望与其他同种植物的雌蕊或雄蕊相遇。

# 死缠烂打的"植物杀手"菟丝子

我都透不过气了！

小朋友，你看到过长牙齿的树吗？你见过身体颜色是金黄色的植物吗？今天我们就一起来认识这种植物吧！

我们时常能在田地里看到一种金黄色的细藤，当我们走近观察时，会发现它的茎密密麻麻地将其他植物缠绕住，被缠绕的植物的顶部都被遮盖住了，显得了无生机。它有着像金丝一样的身体，它的生长就像旋转的舞者一样，那细藤上居然长着一排"牙齿"，所到之处只看到一片黄色，自己生机勃勃，其他植物却被它缠绕得无法生存下去，濒临死亡。这种让其他植物感到"害怕"的"杀手"是谁呢？它就是菟丝子，又叫金丝藤。

菟丝子非常善于攀爬，其

让你看看我的
功力如何啊!

他植物一旦被它缠上,很快就会
枯死。菟丝子自身不能进行光合
作用,必须依赖其他植物提供营养
才能生存,所以它以丝状的身体,向
四周旋转,寻找能寄生的植物。一旦
缠上能寄生的植物,在接触部分产生吸器,
这就是菟丝子的"牙齿",吸器穿入被
寄生植物的茎组织内,吸取其营养,
导致其叶片发黄、脱落,枝梢干枯,
长势衰弱。

　　菟丝子对园林花卉、苗木危害极大,我们应该如何
防治呢?现在对菟丝子的防治,没有十分有效的药品。它
比较容易生长,要根除它,就必须经常对其可能生长的地方进
行检查,一旦发现,就需要马上铲除;也可以对受害严重的地
方每年进行深翻,将菟丝子种子埋于 3 厘米以下的土地中,菟
丝子便不易生长了。

## 植物小档案

菟丝子是旋花科、菟丝子属的一年生草本植物,它有攀援和寄生的特性,在
我国广西、广东、海南、福建、云南等地都有分布。

日本有一种菟丝子"脾性"很怪,种子可潜藏于土中 5~10 年不萌发,每年 9
月是它的萌发期,而且越干旱,越容易大量萌发。菟丝子发出的芽,会在空
中旋转。当触碰到灌木等其他植物时,就会紧紧缠住它们的"腰",并会长
出大量类似树根的尖利吸管,戳入被缠绕植物的"血管"里,掠夺其养分。
这种具有侵略性的全寄生"植物杀手"对灌木和农作物的危害很大。

# 温柔的陷阱

## 猪笼草

哈哈，你们快进来吧……

好香好香哦

啊？小心，别上当！

在植物界，有不少植物以捕食昆虫为生。猪笼草就是一种美丽而奇特的食虫植物，因为形状像猪笼，所以被叫作猪笼草。它的捕食本领真是让我们大开眼界！

猪笼草长着一副"嘴唇"，这是它最有个性的地方，"嘴唇"颜色鲜艳，还能散发出诱人的芳香。猪笼草正是用"嘴唇"来引诱昆虫的。猪笼草还有一个"大肚子"，那就是它独特的吸取营养的器官——捕虫笼。捕虫笼呈圆筒形，下半部稍膨大，笼口上还有个盖子，这个盖子能像雨伞一样，为"大肚子"遮雨呢！

长在捕虫笼入口处的"大嘴唇"是猪笼草设下的"温柔陷阱"。一旦昆虫停在"大嘴唇"上，它就会分泌出香甜的蜜汁，让昆虫以为是花蜜，而沉迷于这醉人的甜蜜流连忘返。"大嘴唇"上的一条条光滑的凹槽，却让昆虫不知不觉地滑进"大肚子"的内壁，一不小心会滑跌在肚子最底处。"大肚子"里面充满着弱酸性消化液，昆虫一旦落入肚子里，就会被消化液淹溺而死，并慢慢被消化液分解，最终变成营养物质而被吸收。

我们不禁要问：猪笼草的消化液有毒吗？其实猪笼草的消化液并没有特别强烈的消化能力，需要十几天才能将昆虫消化掉。消化液虽然具有酸性，但其酸强度不如柠檬汁，其侵蚀力远远没有清洁用的盐酸强。

有些猪笼草的"大肚子"非常大，大到能装下老鼠等小动物。但它们的主食还是昆虫，并且一个猪笼草的"大肚子"通常能捕获到成百上千只蚂蚁，可谓"大胃王"啊！

我想办法救你，等我！

救命呀！

弱酸性消化液

大胃王

# 植物小档案

猪笼草原产于欧亚大陆、非洲、大洋洲的热带地区，为多年生藤本植物，攀援于树木或沿地面生长。猪笼草在生长多年后才会开花，花很小巧，也不出众，白天时，花的味道较淡，略带香气，晚上味道浓烈，还散发臭味。

57

# 会捕蝇的神奇植物
## 捕蝇草

　　捕蝇草，是一种久负盛名的食虫植物，它长着两片像贝壳一样的叶子，叶子边缘还长着又细又长的"刺"，耐心地等待"美食"到来。一旦有虫子进入它布下的陷阱，"贝壳"就会突然闭合，猛地"咬住"这只可怜的虫子。没想到平时安安静静的植物，竟然也会做出如此惊人的举动，怪不得连著名生物学家达尔文都称捕蝇草是"世界上最神奇的植物之一"！

　　捕猎可是一项非常考验技术的事情，猎豹、蛇、蜘蛛，这些捕猎"高手"哪一个不是身怀绝技？它们的嗅觉、视觉、听觉的某一方面或多方面都很敏锐！对于没有眼睛、鼻子、耳朵的植物来说，要捕到一只敏捷的苍蝇是多么困难的事情啊！偏偏捕蝇草就做到了，它进化出一系列奇妙的机制，成为了植物界的"捕猎高手"！

　　首先，植物没有眼睛，捕蝇草怎么知道有倒霉的"猎物"送上门呢？原来，它的"贝壳"内侧有几根可以感觉的刚毛，虫子一碰到刚毛，捕蝇草就能"感觉"到"猎物"。如果这时，"猎物"只

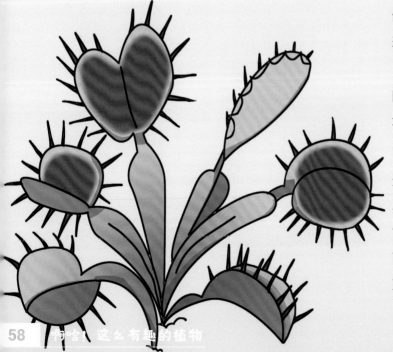

是探着脑袋，但身体还没有完全走进陷阱怎么办？"聪明"的捕蝇草决定只有刚毛被连续碰到两次才产生行动，这样就能比较有把握地困住"猎物"啦！如果落进陷阱的不是昆虫等，而是小石子或雨滴怎么办？石子不会动，而昆虫肯定会努力挣扎，试图逃脱。于是，如果捕蝇草没有感觉到挣扎，过不久，"贝壳"就又自动张开了。

说起来，会动的植物也不稀奇，如向日葵、含羞草和跳舞草，但它们动起来都是慢腾腾的，为了捕到敏捷的昆虫，捕蝇草的动作就快得惊人！这到底是怎么做到的？其实，捕蝇草用了一招——蓄势待发。平时，"贝壳"的曲面是向内凹的，随着刚毛被刺激，"贝壳"内部表面的细胞逐渐脱水萎缩，渐渐绷紧，蓄势待发。一旦遇到"猎物"，"贝壳"就飞快地翻过去，夹住"猎物"。就好像我们在大风天气中撑伞，伞架就要绷不住了，突然整个翻过去了！

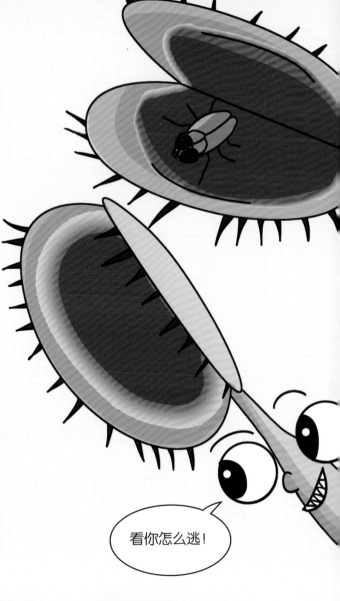

看你怎么逃！

## 植物小档案

捕蝇草原产于北美洲，那儿雨水充沛，不断冲刷土壤中的矿物质等养分，导致土壤贫瘠。为了适应环境，捕蝇草不得不学会靠食虫获得养分。

# 驱散蚊虫的奇草
## 驱蚊草

随着夏天的到来，令我们讨厌的蚊子又出现了，长期以来，蚊子是人类的大敌，是传染疾病的罪魁祸首之一，这真是令我们头痛的问题！有没有一种植物可以帮助我们进行无毒无害地灭蚊，又不破坏环境呢？

"家有无名香草，四季蚊不叮咬"，说的就是驱蚊草。驱蚊草融合了天竺葵植物和含香茅醛植物的香味物质，把带有柠檬香味的驱蚊草养在房间里，蚊子就会像躲避瘟疫一样悄悄逃走。

驱蚊草除了能驱赶蚊虫，还有净化空气的功效。用手轻抚驱蚊草的叶片后，手指会有浓香，香味持久。我们使用驱蚊草时应找对方法，首

没有虫子咬我，好惬意啊！

先将它搬进室内，然后在其叶片的正反面喷水，最好半小时后再喷一次。如此，气温越高，香味越浓，驱蚊效果就越好。

蚊子为什么会"害怕"驱蚊草呢？

在夏季蚊虫大量繁殖期，温度也是最高期，驱蚊草此时所散发的香味分子浓度同样达到高峰。天竺葵属植物又是一种具有挥发性质的植物，在正常情况下，通过光合作用，向外挥发体内的气味分子。而香茅醛本身就具有驱蚊避虫的突出效果，通过天竺葵具有的挥发性特点使香茅醛物质的香味分子源源不断地释放于空气中，就好像"天然蒸发器"，可以达到驱避蚊虫、净化空气的作用。

植物小档案

驱蚊草又称香叶天竺葵，是多年生的常绿草本植物。驱蚊草在我国的庭院和室内均可栽培。

# 天然的防盗设施
## 防盗草

一听到"防盗草"这个名字，你可能会想：哇！植物还能防盗？很多人觉得植物很可怜，它们不会跑，也不会飞，更没有尖牙利爪，好像天生要被动物欺负。然而，有一些植物却进化出防御"绝技"，如身上长刺的仙人掌和月季、有毒的除虫菊等。如果要让植物来一场"比武大会"，获胜的很可能是防盗草，因为它不仅有尖刺，还内含毒素。

防盗草，一般叫作荨（qián）麻，又叫蜇人草、蝎子草。仅听名字就够厉害了吧！它有宽阔的叶子，茎上密密地长了很多蜇针。与仙人掌的针刺不同，荨麻的蜇针很细，显得不起眼，有时候看起来只是毛茸茸的，一旦人和动物碰到它，蜇针就会毫不犹豫地扎入皮肤，毒素便进入伤口里，蜇伤处就会红肿，感觉疼痛难忍，像是被蝎子或蜜蜂蜇到似的。而且，这种难受的感觉还会持续很长一段时间。这样看，荨麻是不是十分厉害！如果把荨麻栽种在

篱笆或围墙边，一定会让胆敢来犯的"坏人"吃到苦头！于是，它就有了"防盗草"这个名字。

等等，到这里还没有结束，如果仅仅把荨麻作为防盗设施就太小看它了！人们发现，荨麻的营养价值也非常高，尤其是蛋白质含量很高，而且只需要煮熟就可以去掉毒性。欧美一些国家还把荨麻作为一种营养蔬菜食用。除此之外，营养丰富的荨麻还可以作为动物饲料，发酵以后还可以变成植物肥料，甚至还是治疗疾病的药材。荨麻真是植物界里"多才多艺的明星"！

## 植物小档案

防盗草，荨麻科、荨麻属多种植物的统称，是多年生草本植物，生命力顽强，广泛分布于欧洲与亚洲，是现代开发的新型经济作物之一。

# 向着太阳生长的花
# 向日葵

向日葵又叫葵花、向阳花，它有一个很有趣的现象——圆圆的花盘可以随太阳转动。那么，向日葵为什么会随着太阳旋转呢？

原来，向日葵的茎秆内会产生一种奇妙的物质，叫作生长素，它能够使植物长得又高又快，但它"胆小"，不喜爱阳光。如果把向日葵的茎秆分成两半，一半是向光侧，一半是背光侧，不喜欢阳光的生长素，则"躲"在茎秆背光的一侧。但是，生长素可是拥有"魔法"呢，它可以使背光的这一侧长得更快。而向光的一侧生长素比较少，长得慢一些，于是向日葵就向着有阳光的方向弯曲。

我要跟着你！

不过，向日葵并不是永远随着太阳旋转。在它的花盘盛开后，越来越重，同时茎秆也慢慢"老"去，于是向日葵不再随太阳转动，而是固定朝向东方了。

那向日葵盛开后，花盘为什么会固定朝向东方，而不是其他方向呢？哈，向日葵可"聪明"啦！我们知道，太阳是从东方升起的，所以向日葵一大早就可以接受阳光照射，这有助于烘干夜晚时凝聚的露水，防止"生病"。此外，早晨的温度比较低，阳光直射可以提高向日葵花盘的温度，形成一个温暖的空间，能吸引昆虫来传粉。同时，向日葵花盘朝向东方，还可以避免正午阳光的直射，防止高温灼伤花粉呢！

除了向日葵，许多植物的花或叶子也会向着太阳生长，它们是不是也因为生长素怕光的原因呢？一般不是的，这些植物向着太阳生长大多是为了接收到更多阳光，制造出更多的营养物质，让自己长得更快。

我找到了花蜜最多的一朵向日葵！快来呀！

## 植物小档案

向日葵别名太阳花，原产于北美洲，现在世界各地都有栽培。向日葵喜欢温暖的环境，耐旱，它的果实就是我们熟悉的葵花籽，吃起来可香啦！

# 花中 "睡美人" 睡莲

在浅浅的湖面上，铺满了大大小小的绿油油的叶子，那些叶子的形状像盾牌一样，在水面上伸展开来。层层叠叠的叶子中间，是娇艳的花朵，蓝色的、粉色的、黄色的……在阳光的照射下，这些花朵像一盏灯一样明亮，它就是花中的"睡美人"——睡莲。

睡莲和同样美丽的荷花有什么区别呢？首先，睡莲的叶子往往紧贴在水面上，而且有一个三角形的缺口，而荷花的叶子更喜欢"挺直身子"，探出水面，且叶片较大。荷花有鲜嫩的莲藕和莲子供我们食用，而睡莲却没有。

那么，为什么睡莲的名字有个"睡"字呢？难道它真的跟我们一样也会困倦，也需要睡觉？睡莲是植物，当然不会有疲劳、困倦的感觉，而是因为睡莲有一种独特的习性：上午开花，露出可爱的"笑脸"；傍晚则闭合，收起花瓣，看起来就像是睡着了一样。为什么会这样呢？我们知道，植物开花是为了吸引昆虫传粉，以便繁殖后代，而这些昆虫，如蜜蜂、蝴蝶等到了晚上也要"休息"，所以睡莲就跟着昆虫一同"休息"了。这样还可以避免花朵的热量在寒冷的夜晚散失，防止娇嫩的花蕊被冻伤。

然而奇怪的是，有些睡莲喜欢张扬个性，特立独行，偏偏要在晚上开花，白天"睡觉"，这又是怎么一回事呢？难道专门有晚上活动的昆虫为它传粉吗？没错！睡莲是一种分布很广的植物，世界各地都有它的身影。根据不同环境条件，"聪明"的睡莲进化出不同的生活方式。晚上开花的睡莲自然有晚上活动的昆虫为它传粉，如蛾子，这样一来，睡莲还可以躲避白天炽热阳光的烘烤。

## 植物小档案

睡莲是睡莲科、睡莲属多种植物的统称，虽然和荷花关系很近，长得也很像，但睡莲既不长莲藕，也不长莲蓬，种子在水下成熟，也在水下散出。

# 奇臭无比的花
# 巨魔芋

巨魔芋，又叫作尸花、尸香魔芋，这名字可真够吓人的！其实，巨魔芋和我们平时吃的魔芋是"亲戚"，都是天南星"家族"的成员。巨魔芋的花外面披着一层外衣，这外衣有个动听的名字——佛焰苞，这就是天南星"家族"的标志！巨魔芋的外衣外侧是黄绿色的，内侧是深红色，有很多褶皱，卷成冰淇淋蛋卷筒状，又像是巨大的白菜叶。外衣包裹的中间高高地竖起一根柱子，足足有2~3米高，这是巨魔芋的花蕊吗？嘿嘿，不是的！其实，我们看到的巨魔芋的"花"并不是一朵花，而是成百上千朵花组成的花序。而那些真的花已经退化的只剩下雄蕊或雌蕊了，毫不起眼地紧紧排列在"柱子"的底部。

啊哈！这么有趣的植物

美味的晚餐！

　　巨魔芋那个可怕的名字——尸花，是怎么得来的呢？别急，让我们从它的生活环境说起。巨魔芋生长在热闹的热带雨林中，那里的花儿种类繁多，一棵比一棵艳丽，一朵比一朵芬芳！花儿使出浑身解数，吸引昆虫来为它传粉。植物间的竞争如此激烈，怎么办才好呢？个性十足的巨魔芋想到一个独特的办法：虽然昆虫大多喜欢香味，但也有一些另类的昆虫喜欢臭味啊！比如，苍蝇！于是，巨魔芋另辟蹊径，模仿腐烂尸体的气味，散发出强烈的死鱼、死老鼠的味道，还让自己的温度升高，再加上深红的颜色，很像一块腐肉。爱吃腐肉的苍蝇、甲虫等以为可以大饱口福，老远就被吸引过来，迷得神魂颠倒。"聪明"的巨魔芋就这样成功地欺骗了昆虫，为自己传播花粉。奇臭无比的腐烂尸体味道也让巨魔芋得了"尸花"这个名号。

## 植物小档案

巨魔芋，天南星科、魔芋属植物，原产于苏门答腊岛的热带雨林。它有一块巨大的地下块茎，在生长期会长出一片像小树一样高的叶子。

# 常常被视而不见的 "小石头"

# 生石花

生石花又名石头花、石头玉，原产于干旱少雨的沙漠砾石地带。它长得很特别，为了防止自己被小动物吃掉，它长成砾石的模样，这是一种保护自我的天性，称为"拟态"。在自然界中，很多弱小生物为了生存和保护自身，会做出各种各样的拟态，枯叶蝶就是这样的，混在大堆落叶中，即使我们眼睛再好，乍一看，多半会被它骗过，一阵风吹来，就像叶片那样在风中摇摆。

生石花生在石头丛中，只有几片着地而生的肥厚叶子。它的叶子无论是从颜色上，还是形状上，都像极了石头。这些沙漠中的"小石头"呈灰绿色、灰棕色或棕黄色，有的上面还镶嵌着一些深色的花纹，像漂亮的鹅卵石。还有的周围长满了深色的斑点，有点像花岗岩的碎片。这些"小石头"骗过了很多鸟兽，也让很多沙漠旅行者对它视而不见。

生石花的叶肉很厚，如同仙人掌一样，是多肉植物的一种。而它的茎很短，常常看不见。它的两片叶肉联结在一起，像一个倒圆锥体。生石花靠皮层内贮水组织来保存水分，这样才能活下来。其顶面称为"窗"，

"窗"内有叶绿素进行光合作用。"窗"是略平的，中间有一道缝隙，生石花能从这条石缝中开出花朵。人们叫它生石花，意思是生长在石头上的花朵，也被称为"有生命的石头"。

生石花的花有银白色、鲜黄色的，还有粉红色、紫红色的，花瓣玲珑可爱，如同菊花一样娇艳美丽。

## 植物小档案

生石花是石竹目、番杏科、生石花属全属植物的总称，属于多肉植物，原产于非洲南部及西南部干旱地区的岩床裂隙或砾石土中，因其形态独特、色彩斑斓，故成为现今很受欢迎的观赏植物。

# 最"狡猾"的兰花

# 长瓣兜兰

我们知道，很多植物开花的时候，需要昆虫来帮忙授粉，长瓣兜兰也不例外。可是怎样才能吸引昆虫来帮忙呢？很多植物会制造大量的花蜜和花粉，昆虫为了"品尝"喜欢的美食，自然就飞过来啦！当然，昆虫在帮植物授粉的同时，也收到了植物给予的丰厚回报，它们可以采集美味的花蜜满载而归。可是，有一些植物却十分"狡猾"，它们不愿意浪费体力去制造那么

这里好适合给宝宝安家！

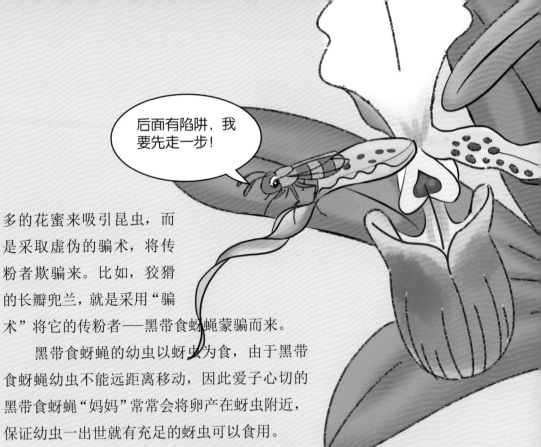

后面有陷阱，我要先走一步！

多的花蜜来吸引昆虫，而是采取虚伪的骗术，将传粉者欺骗来。比如，狡猾的长瓣兜兰，就是采用"骗术"将它的传粉者——黑带食蚜蝇蒙骗而来。

黑带食蚜蝇的幼虫以蚜虫为食，由于黑带食蚜蝇幼虫不能远距离移动，因此爱子心切的黑带食蚜蝇"妈妈"常常会将卵产在蚜虫附近，保证幼虫一出世就有充足的蚜虫可以食用。

"狡猾"的长瓣兜兰是如何欺骗黑带食蚜蝇的呢？长瓣兜兰的花瓣基部长了很多栗色小凸起，这些小凸起像极了蚜虫，连黑带食蚜蝇"妈妈"也分不清真假，它们还高兴地以为长着假蚜虫的花瓣就是产卵的好地方。于是，急于产卵的黑带食蚜蝇"妈妈"开心地产卵，就这样落入了长瓣兜兰精心设计的陷阱里，在产卵的同时也替兰花完成了传粉。黑带食蚜蝇"妈妈"产卵之后会很快离开花瓣，它们也许还很安心地认为这里食物丰富，"孩子"出生后肯定不会被饿到。然而，悲惨的是，黑带食蚜蝇幼虫从卵中孵化出来后，因为没有充足的食物最终被饿死。

## 植物小档案

长瓣兜兰是我国的一级保护植物，产自广西、贵州、云南等地，它们生长的地方可神秘了，分布在海拔 1000~2250 米的疏林中，主要着生于树干或岩石上。

# 能测量气温的草

三色堇

　　植物不仅能预报天气，有些植物还可以测量气温，三色堇就是植物界的"温度测量计"。

　　三色堇的花通常有紫、白、黄等三种颜色，三种颜色呈对称分布在五个花瓣上，看上去就像一只小花猫的脸，也像小孩子在扮鬼脸，所以又常被人叫作猫儿脸或鬼脸花。一阵风吹过，三色堇的花瓣舞动，又像是飞舞的蝴蝶，因此它还被称为蝴蝶花。

　　那么，漂亮的三色堇到底是如何测量温度的呢？其实，三色堇的叶片是测温的主要工具。它的叶片是长长的椭圆形，对气温的变化比较敏感，当温度高于 20℃，叶片会向斜上方伸展；当温度降到 15℃ 左右时，叶片逐渐向下运动，慢慢地与地面平行；温度如果继续下降到10℃以下，叶片就朝着斜下方弯曲。当然，三色堇不能像温度计那样精确，但人们根据它的叶片伸展的方向，还是可以初步判断温度高低的。

植物小档案

三色堇，堇菜科、堇菜属的草本植物，原产于欧洲，是欧洲常见的野花物种，现在我国各地也有广泛栽培。三色堇的适应性很强，是春夏季节优良的花坛材料。除了可以美化环境，三色堇的成分还可以作为护肤药材，有杀菌、治疗皮肤病的功效。

我和你可是同步的哦！

# 能预报天气的花
# 红玉帘

　　有些植物能够预报天气，这真是一项神奇的本领，如红玉帘能够预报暴风雨的天气，因此大家又把它叫作风雨花。

　　红玉帘的叶型细长，弯曲地悬空低垂，很像韭菜的叶子。它的花呈粉红色，6个花瓣整齐的排成一圈，粉红的花瓣中心伸出美丽的花蕊，雄蕊金黄，雌蕊洁白，花朵鲜艳又精致。

　　当风雨将要来临时，别的植物躲都躲不及，而红玉帘却含苞待放。风雨来了，它们也不怕，在风雨中还是生机勃勃的样子，准备勇敢得开放。风雨过后，别的植物都不幸地被风雨打得耷拉着"脑袋"，而红玉帘竟然热烈的开放了，粉红色的小花，一团团、一片片，好像画家打翻了粉红的

颜料瓶，在风雨交加的天气里，为大地勾画出片片美丽的粉红。

那么，红玉帘为什么能够预报风雨呢？原来，在暴风雨到来前，气压降低，植物的蒸腾作用会变大，这种变化促使红玉帘的鳞茎生成大量有利于开花的激素，在激素的作用下，红玉帘就绽放出许多美丽的花儿来。

## 植物小档案

红玉帘是石蒜科、葱莲属植物，学名韭莲，又叫风雨花。原产于南美洲。虽然风雨花的"老家"远在墨西哥和古巴等地，但在我国云南、贵州、广西地区也能见到它的身影。在西双版纳的热带雨林里，当风雨来临前，人们有时也会欣赏到风雨花盛开的奇观。

# 身怀绝技的灭虫植物
# 除虫菊

除虫菊长得并不起眼，看起来就像路边普通的野菊花，小小的白色花朵还挺可爱的，但千万不要因此小瞧它哦！这样一丛普通的"野菊花"却是令蚊虫闻风丧胆的克星！原来，为了保护自己，不受害虫的侵扰，除虫菊制造出一种叫作除虫菊酯的杀虫物质。除虫菊酯就像保护除虫菊的卫士，害虫胆敢靠近，就会迅速中毒身亡。有了除虫菊酯的保护，除虫菊就可以不受打扰地安心生长了。

啊哈！这么神奇的植物

神奇的是，虽然除虫菊对昆虫，甚至对鱼、青蛙和蛇都有很强的毒性，但对人和牲畜十分"友好"，毒性很小。而且，除虫菊酯在阳光下很容易分解，这样就不会残留在大自然里污染环境！大约 200 年前，聪明的人们就开始种植除虫菊来驱除蚊蝇。如今，**人们利用除虫菊灭虫的绝技，制造出蚊香、驱蚊水等产品**，来赶走讨厌的蚊子。农民伯伯也利用它对付田地里的害虫，保护庄稼。使用除虫菊这种**天然无污染的杀虫剂**种出来的蔬菜，还是绿色有机食品呢！

夏日夜晚，烦人的蚊子在耳边嗡嗡作响，点燃一支用除虫菊酯做的蚊香，蚊子就都"晕头转向"，难以再继续叮咬人们了。这时候，大家是否想到要感谢身怀绝技的除虫菊呢？

## 植物小档案

除虫菊是菊科、匹菊属的多种植物的统称，属于多年生草本植物，原产于欧洲，常作为农业杀虫剂来栽培，还可药用和制造灭蚊产品。

# 顽强又有智慧的植物

## 蒲公英

　　小小的蒲公英是植物界里的生存"高手"，从北到南，全国各地都可以看到它的身影。这多亏了蒲公英顽强的生命力和它"会旅行"的种子。

　　"野火烧不尽，春风吹又生"，这句诗想必大家都耳熟能详，描写的正是小草顽强的生命力。野火将地面上植物的茎和叶都烧光了，第二年，小草为什么还可以再长出来呢？对于很多植物来说，根、茎、叶、花、果实这些器官中，要数根最重要了。大风可以把茎吹断，太阳可以把叶子烤焦，野火可以把地上的一切扫荡得干干净净……所以在土壤的保护下，根可能是最安全的部分。于是，很多植物都把希望"寄托"在根上，叶子制造的营养都输送到根里贮藏起来。这样一来，即使叶子和茎遭到外界环境的破坏，根依然充满活力，春风一吹，植物就又可以长出新的叶子，焕发生机了！蒲公英就是这样顽强生存的，它的根像萝卜一样，又粗又长，生命力就蕴藏在根里。

看着种子飞出去，真的好开心！

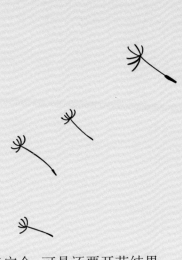

　　躲藏在泥土里的确安全，可是还要开花结果、繁衍后代才行啊！蒲公英在这个问题上也表现得非常"聪明"！春天，蒲公英用根里积蓄的能量，开出明亮的黄颜色花朵。黄色是昆虫最喜欢的颜色之一！蒲公英是菊科"家族"的一员，和其他"兄弟姐妹"一样，它的"花"其实是由许多朵小花挤在一起形成的花序。我们看到的一片花瓣其实就是一朵花。蒲公英的花谢了以后，每一朵小花都会结出一颗种子，种子的"头"上顶着一把"小伞"。这把"小伞"其实是一簇又轻又柔软的白毛。一棵蒲公英的所有种子和所有"小伞"集合在一起，就成了我们平时看到的毛绒绒的一团白球！风一吹，种子纷纷脱落，在"小伞"的帮助下飘起来。风吹多远，种子就能飘多远！就这样，蒲公英"旅行"到世界各地，在新的地方又扎下根来。

## 植物小档案

蒲公英是菊科、蒲公英属多种植物的统称，多年生草本植物。

# 选择题

1. 下面哪种植物"怕痒痒"，又叫"痒痒树"？

   A 蚁栖树　　　　B 巨人柱　　　　C 紫薇　　　　D 木芙蓉

2. 热唇草的两片红嘟嘟的"嘴唇"，其实是植物的 ＿＿＿？

   A 花瓣　　　　B 苞叶　　　　C 花萼　　　　D 雄蕊

3. 下面哪种植物的果实长在地下？

   A 花生　　　　B 含羞草　　　　C 昙花　　　　D 夜来香

4. 三色堇可以预测气温，是因为它的 ＿＿＿ 对气温变化比较敏感？

   A 根　　　　B 茎　　　　C 叶子　　　　D 花

5. 长瓣兜兰的花瓣基部长着很多黑栗色小凸起，这些小凸起的作用是 ＿＿＿？

   A 让花朵显得更漂亮　　　　　　　　　B 吸收水分

   C 模仿"蚜虫"，吸引黑带食蚜蝇来传粉　　　D 制造花粉

6. 以下哪一种植物用"拟态"来保护自己呢？

   A 向日葵　　　　B 生石花　　　　C 光棍树　　　　D 瓶子树

7. 夜来香花瓣上的气孔，有个显著的特点是：＿＿＿。

   A 阳光越强，气孔就张开得越大

   B 空气湿度越大，气孔就张开得越大

   C 温度越高，气孔就张开得越大

   D 土壤越肥，气孔就张开得越大

8. 旅人蕉的身材魁梧，可高达 20 多米，请问旅人蕉是 _____ 植物？

    A 草本             B 木本             C 藤本

9. 枝条很软，可以打结的植物是 _____。

    A 结香             B 木盐树          C 木菊花         D 纺锤树

10. 下面哪种植物是食虫植物？

    A 猪笼草          B 红玉帘         C 跳舞草         D 驱蚊草